图书在版编目（CIP）数据

建筑奇迹/聂辉绘编.—北京：农村读物出版社，2022.2（2023.5重印）
（我们的中国）
ISBN 978-7-5048-5827-6

Ⅰ.①建…　Ⅱ.①聂…　Ⅲ.①建筑艺术－中国　Ⅳ.①TU-862

中国版本图书馆CIP数据核字(2022)第030640号

中国农业出版社出版
地址：北京市朝阳区麦子店街18号楼
邮编：100125
策划编辑：刁乾超
责任编辑：刁乾超　　文字编辑：屈　娟
版式设计：李　爽　　责任校对：吴丽婷　责任印制：王　宏
印刷：北京缤索印刷有限公司印刷
版次：2022年2月第1版
印次：2023年5月北京第2次印刷
发行：新华书店北京发行所
开本：787毫米×1092毫米　1/16
印张：2.5
字数：50千字
定价：19.90元

编　　写：聂　辉　赵冬博　宁雪莲　李昕昱
绘　　画：聂　辉　刘东平　施伟阳　段颖琪
美术设计：李　爽　李　文　王　怡　杨春林

建筑奇迹

我们的中国

聂 辉 绘编

农村设物出版社
中国农业出版社
北 京

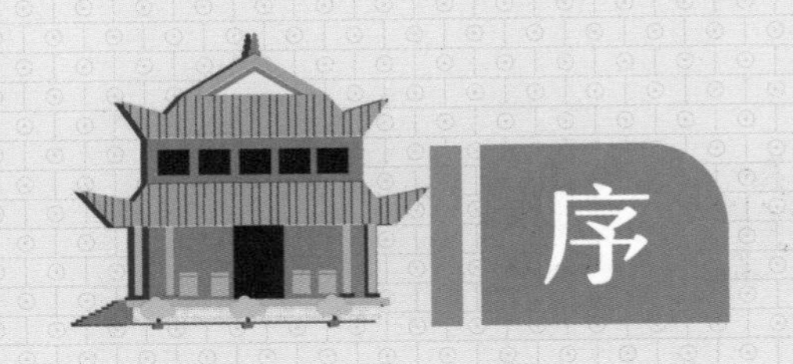

序

将光芒照在中华文化之上，中国建筑是其中一道浓墨重彩的掠影，而建筑群是中国建筑的重要代表。在一座座建筑群奇思巧致的构建方式中，中华民族的智慧可见一斑。

建筑群由主体建筑、附属建筑和其他元素组成，它们之间相得益彰。相比于单独的亭阁建筑，建筑群的功能更加丰富多样。我们接下来讲述的有古代的建筑群。也有现代的建筑群。除满足人们游玩、观赏的需求外，它们也是中国历代国力强盛以及国泰民安美好祈愿的体现。

长安城市坊众多而井然有序，一座座具有空间活力和色彩明丽的建筑，无一不在恣意地展现着唐帝国的辉煌与繁盛，向世人诉说那个自信而强大的时代。

站在万里长城之上向北远眺，入目是层峦叠嶂间的蜿蜒长龙，保家卫国的凌云壮志一定会从你心底油然而生。

天坛，这个世界上最大的祭天建筑群，其严谨的建筑布局、奇特的建筑构造，反映着中国古代宇宙观中追求天人合一的至高理想。

海拔最高的宫堡建筑群——布达拉宫矗立在青藏高原上，白墙在太阳的照耀下愈发纯净，藏传佛教的辉煌从它精致的图画和各种精美器物中得见。

水立方和鸟巢是科技和运动的巧妙结合，充分展现了中国人的聪明才智。借举办奥运会和残奥会的契机让中国新时代的建筑设计完美地呈现在世界面前，也让世界看到新时代中国国力的强大。

还有那中国最长的跨海大桥——港珠澳大桥，这座海上直接架起的通途联系着珠海、澳门和香港，延伸着人们的脚步，让三地的生活更加方便、快捷。

谁人修建了乐山大佛呢？这个中国最大的石刻佛像，历经时间的洗礼依然稳稳矗立在凌云山上，成千上万的人来此祈福。

古代与现代的建筑群共存于中国这片土地上，二者和谐地对望着，也将继续延续彼此的对话。

目 录

·中国历史上最辉煌的古城·

长安城兴建于隋朝，被称为大兴城，唐朝易名为长安城，寓意统一天下、长治久安。它是中国历史上建都朝代最多、时间最长、影响力最大的都城，居中国四大都城之首，同时它也是丝绸之路的东方起点。

长安城由宫城、皇城和外郭城三部分组成，市坊严整、井然有序，整个城市的布局蕴含着“天人合一”的人文理念。根据天上星宿的位置，宫城代表着北极星，皇城百官衙署即为围绕北辰的紫微垣，而外郭城则是环绕在外的群星。城内25条大街，把全城分割成大小不等的里坊。其中东市、西市两座市场，是唐长安城的经济活动中心，这里曾商贾云集，邸店林立。历史兴衰交替，唐帝国的兴盛与繁荣，反映在一座城上，仍管中窥豹，可见一斑。

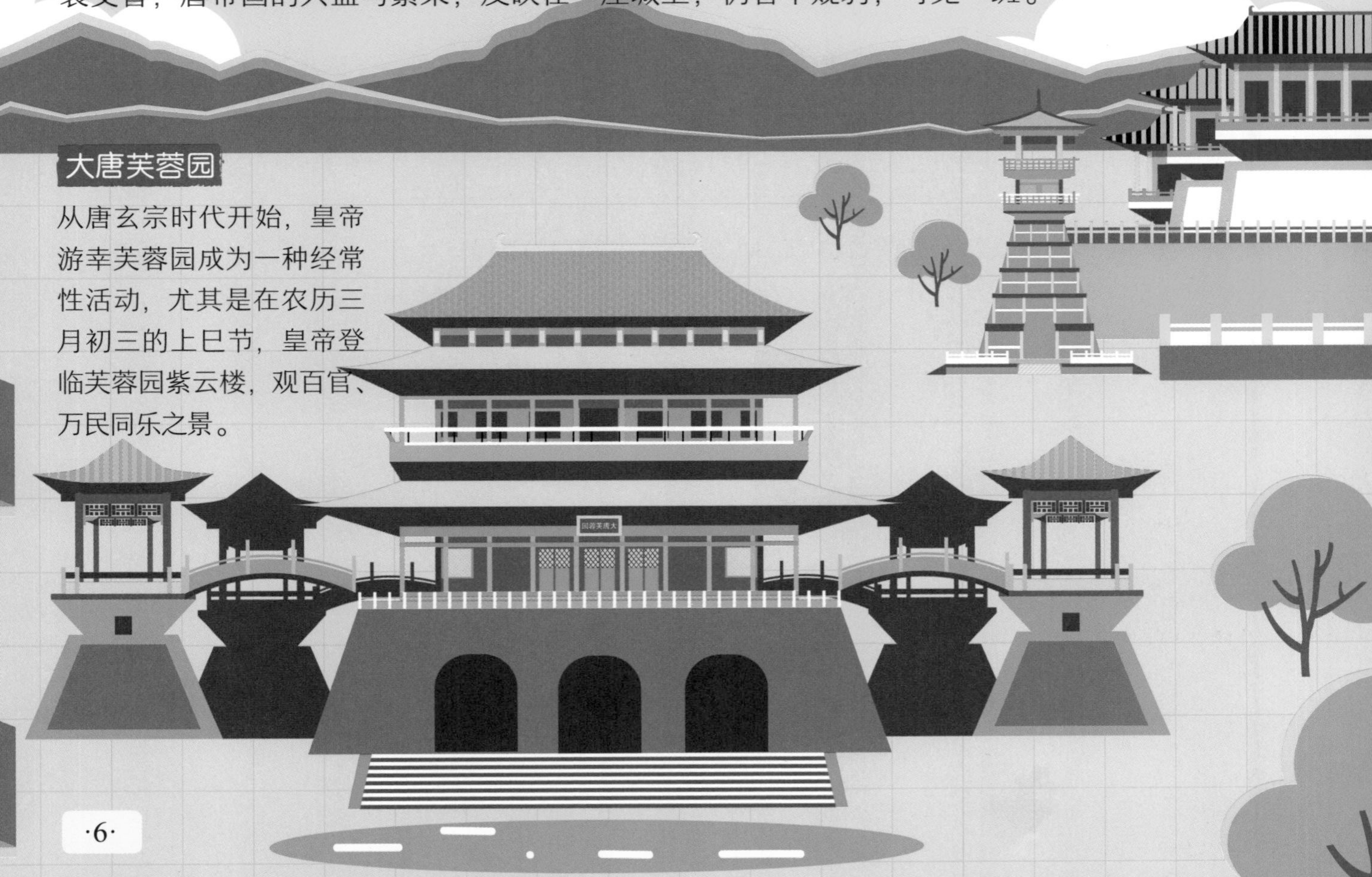

大唐芙蓉园

从唐玄宗时代开始，皇帝游幸芙蓉园成为一种经常性活动，尤其是在农历三月初三的上巳节，皇帝登临芙蓉园紫云楼，观百官、万民同乐之景。

太极宫

这样一座重要的宫殿其实是隋朝建造的，于隋文帝开皇二年（582年）始建，宫殿南部为皇城，皇城中多为中央政府的各种官衙。

大明宫

大明宫又被称为“东内”，是大唐王朝的大朝正宫、唐朝的政治中心和国家象征，被誉为“中国宫殿建筑的巅峰之作”、“丝绸之路”的东方圣殿。

兴庆宫

唐玄宗与杨贵妃主要在兴庆宫居住。宫中的花萼相辉楼，为唐开元八年（720年）所建，是长安城内最大的文化娱乐中心。

史前时期

早在一百多万年前，蓝田人就在这里建造了聚落；七千年前仰韶文化时期，这里已经出现了城垣的雏形。

丰镐两京

丰京和镐京一起并称为“丰镐”，是西周王朝的国都，其遗址就位于长安区。

秦都咸阳

咸阳是商鞅变法后秦国的都城，秦始皇统一全国后，国都仍在咸阳，其地理位置涵盖今天的西安和咸阳部分区域。

汉都长安

由汉初高祖刘邦下诏、相国萧何主持营造的都城长安，位于陕西省西安市未央区大兴西路。

隋都长安

隋文帝杨坚建立隋朝后，因当时的汉长安城历经长期战乱，年久失修，于是决定另建一座新城，它位于今西安市区，隋朝称大兴城。

在唐代，进士及第的学子们先要在慈恩寺大雁塔题名，然后就会来到曲江池边参加皇帝举办的宴会。唐玄宗李隆基曾登上曲江边的紫云楼向众学子表示祝贺，与众人在花红柳绿的曲江边一同开怀畅饮。四十六岁第三次来长安参加科举考试的孟郊终于进士及第，不禁赋诗：“春风得意马蹄疾，一日看尽长安花。”

东市和西市

在唐都长安，有“东市”和“西市”两大市场。“东市”主要服务于达官贵人；而“西市”不仅是平民大众的市场，更有胡商在此经营，热闹非凡，被誉为“金市”。

朱雀大街

由皇城朱雀门延伸向南，连接宫城承天门到外郭城明德门，是整个长安城中轴线的主要街道。唐朝的朱雀大街可不是一般百姓可以住的，能够住在这里的多是达官贵戚，它是文臣贤达汇聚的中心。文人墨客为这里书写了数之不尽的诗词文章，因此朱雀大街有“诗街”之称。

唐都长安

唐长安城，以隋大兴城为基础，初名京城，唐玄宗开元元年（713年）称西京（俗称长安城，亦曰京城）。

明朝长安

明洪武二年（1369年），朱元璋在唐长安城皇城的基础上，修建了西安城墙，保留至今。

清朝长安

1900年，八国联军攻入北京，慈禧太后与光绪帝离开北京，西狩长安。

玄都观

玄都观遗址在唐长安城崇业坊内，原名通道观，后易名为玄都观。唐朝时，这里宫殿巍峨，为帝都第一伟观，内种碧桃千棵，以桃花闻名于世。

小雁塔

位于唐长安城安仁坊荐福寺寺门对面，起初是为了存放唐朝高僧义净从古印度带回的佛教典籍。义净是继玄奘法师后的第二位远赴印度取经的唐代高僧。

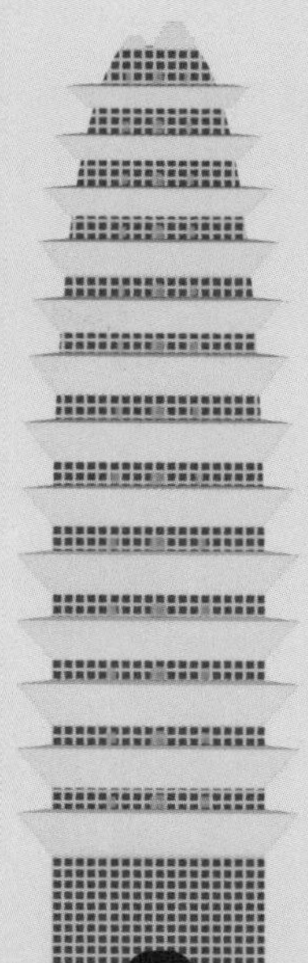

金光门

一队从波斯历经千辛万苦的商队，满载着波斯地毯、西域美酒的骆驼，经过检查后进入金光门。接下来商人们将去西市进行交易。

梨　园

唐代训练乐工的机构，相当于大唐最高等级的艺术学院。这里培养了大唐第一歌手李龟年，他多年受到唐玄宗的恩宠，被后人誉为“唐代乐圣”。

大雁塔

位于唐长安城晋昌坊的大慈恩寺内，又名“慈恩寺塔”。唐永徽三年（652年），玄奘为保存由古印度经丝绸之路带回长安的经卷、佛像，主持修建了大雁塔。

“连陲锁钥”

嘉峪关是目前保存最完好的关城，是明长城这条“巨龙”的西边开端，所处位置地形险要，整座关城建筑雄伟，是“连陲锁钥”。

“长城”名称的溯源

春秋时期就已经有“长城”这个名称了，各国之间在边界修建长城，互相防备。

敌 台

敌台是长城城墙上每隔一定距离设置的楼台，平时供长城守军屯驻，储存粮草、武器等物资。

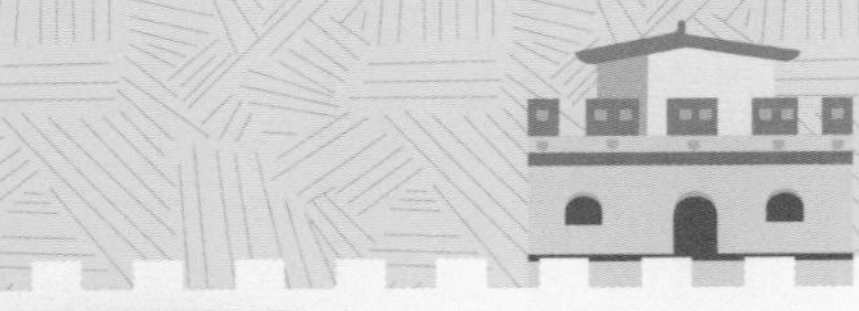

城墙的妙处

垛口
射口
宇墙
顶面方砖
外檐墙
内檐墙

长城的城墙构成精妙，向外设有垛口，向内有宇墙，垛口上部有望口，城墙向外的下部有射口。

大境门

大境门位于河北张家口，是明长城的重要关口之一。

中国古代的第一军事工程

如今，我们登上长城之后向北望去，茫茫山峦夹杂着花草，长城屹立在群山之中。经过延续不断地修筑，长城终于成为令世界瞩目的伟大工程之一。长城各个关口端正庄严的城楼标记着它的里程，长城于山峦之间蜿蜒盘踞，从西到东，各色景象变换着，有大漠孤烟，也有山花漫海。历代长城中最具有代表性的就是秦长城和明长城，秦长城是第一个大一统的中央集权王朝——秦朝修筑的，明长城则是目前保存相对完好的长城。秦长城“蜿蜒一万余里”，明长城全长约8 000千米。

历史漫想

山海关关城始建于明洪武十四年（1381年），这一年，山海关城楼题额“天下第一关”，自此其又被称为“天下第一关”。

嘉峪关始建于明洪武五年（1372年），同时在这一年，明朝人杨载出海发现了钓鱼岛。

长城的作用

长城能有效阻滞北方游牧民族南下的骑兵，起到预警和重点防御的作用；

节省大量的防御成本，中原王朝从全面防御转变到以预警为主，集中力量防御；

通过长城本身和长城各关城严密审查物资与人员的进、出关，随时展开对北方游牧民族的经济封锁。

文化元素

但使龙城飞将在，

不教胡马度阴山。

——（唐）王昌龄《出塞二首·其一》

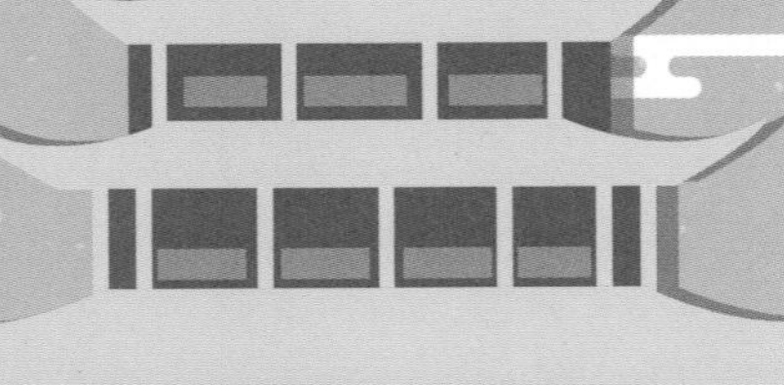

因地制宜的秦长城

秦长城的修建是个浩大的工程，征调了近百万的人力。为了有效节约成本，采取因地制宜的原则。

北击匈奴

公元前214年，秦始皇令大将蒙恬率军三十万北击匈奴，占据河套地区。为了更好地防御匈奴，长城便应运而生。

长城的防御体系

整个防御体系包括城墙、关城、敌台、烽火台等，组织严密，各部分各司其职。

长城防御体系的运行

遇有敌情，烽火台层层报警，士兵便迅速集结起来，顺着长城的城墙，快速支援。

爱国政治家林则徐

林则徐是清朝著名的爱国政治家，后来被贬官伊犁，原因是虎门销烟和在广州积极布置对英军的防御。被贬途中，林则徐望见嘉峪关，心中百感交集。

“天下第一关”

山海关在明长城的东端，其北面有燕山山脉，南面是渤海，地处东北与华北的关津要冲，是著名的“天下第一关”。

关　城

“一夫当关，万夫莫开”，关城矗立在险要、易于防守的地形处，其防御力量在整个长城中是最强的。

中国现存最大的祭祀建筑群

自古以来，百姓都是根本。在古代，统治者出于对百姓的重视，修建了数不胜数祭祀上天以祈求风调雨顺的各种建筑，但是它们大多都因各种原因消失或成为遗迹。

天坛始建于明代，作为祈求上苍保佑政权和百姓的仪式地点，在建筑形制上体现了敬天保民的思想。圜丘与祈谷两坛分布在纵贯南北的一条轴线上，北面的祈年殿更是天坛的一张“名片”，坐落在祈谷坛中。圜丘和祈谷两坛由丹陛桥连接。丹陛桥北高南低，人们一路向北步步缓行，如登天庭。天坛是中国现存规模最大的古代祭祀建筑群，每个建筑的形制和结构设计寄予了当时人们对于国泰民安的殷切期盼。

这里是天坛

天坛，始建于明永乐十八年（1420年），其后经过多代的完善达到了如今的规模，是明清两代皇帝每年祭祀上天祈求风调雨顺的重要地点。其中最重要的祭典是孟春时节和冬至时节的两次祭典。

神厨

神厨是圜丘坛冬至祭天大典之前制作圜丘坛各种祭品的场所。

每年冬至日来临，皇家都会在这里进行祭祀上天的重要仪式，始建于明嘉靖九年（1530年），按照南京式样建造，用蓝色琉璃砖砌成。

斋宫

斋宫是皇帝举行祭祀上天的祭典前进行斋戒的重要场所，宫内无梁殿等专门建筑均采用绿色琉璃瓦建造，无梁殿作为斋宫正殿，为庑殿顶建筑。

圜丘坛的讲究

圜丘台面石板、拦板及各层台阶的数目均为奇数九或九的倍数，象征着“天”数，体现出天至高无上的地位。

乾隆皇帝的祈谷礼

乾隆皇帝春季举行祈谷礼时，先在丹陛桥东具服台上搭建的“小金殿”漱洗更衣，换上礼服后由丹陛桥向北。注意在桥上千万要走对路，皇帝只能走桥上东侧的“御路”，中间的路是天帝才可以走的，王公大臣只能走西侧的“王路”。

皇穹宇中供奉圜丘坛祭祀神仙的神位，由16根柱子支撑，外层8根檐柱，内层8根金柱，两层柱子上设共同的溜金斗拱，来支撑拱上的天花藻井。

七十二长廊

七十二长廊连接着祈年殿和神厨、神库，神厨的作用是制作各种祭祀用品，神库是存放祭品的仓库。七十二长廊的作用便显而易见——运送祭祀用品的通道，由于它暗合“七十二地煞”，多了些神秘的气息。

皇乾殿位于祈年殿北部，是一座庑殿顶大殿。它顶部覆盖蓝色的琉璃瓦，下面有汉白玉石栏杆的台基座，是专为平时供奉“皇天上帝”和皇帝列祖列宗神位牌的殿宇。

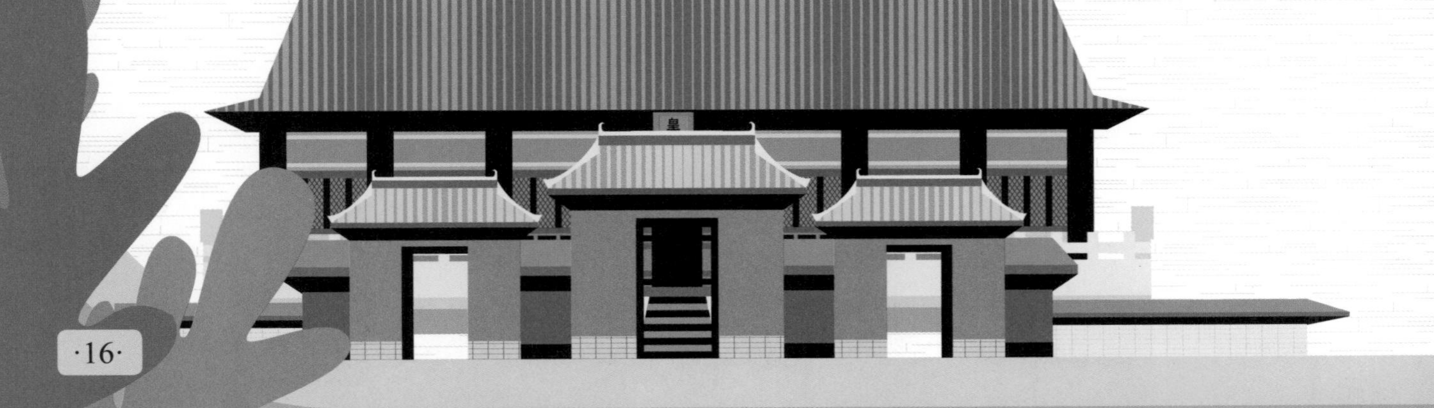

甘泉井

甘泉井位于南神厨前的六角亭中，因水清味甜而得名。有很多描写井水的诗句，比如清朝诗人王士祯作诗：“京师土脉水甘泉，顾渚春芽枉费煎。只有天坛石甃好，清波一勺买千钱。”

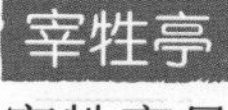

宰牲亭是天坛中专门用来祭祀时宰杀牲畜的场所，这里还有石槽，可以洗净宰杀好的牲畜。

神乐署位于天坛西外坛，是明清皇家祭祀前演练祭祀礼乐的地方，这里云集了很多的礼乐人才，可以说，这里是明清两朝最高的礼乐学府。

祈年殿的柱子

中间4根“龙井柱”代表着春、夏、秋、冬四季；中层的12根大柱比龙井柱稍细一些，代表着12个月；外层的12根柱子则为檐柱，代表一天的12个时辰。而中、外两层的24根柱子代表二十四节气。

“钦若昊天”匾

无梁殿“钦若昊天”匾是乾隆皇帝的御笔，显示了皇帝对上天的虔诚。

红 宫

红宫位于布达拉宫的中央位置，外墙为红色。宫殿采用曼陀罗布局，围绕历代达赖喇嘛的灵塔殿建造了很多经堂和佛殿，与白宫连为一体。

扎 厦

位于红宫西侧，是在布达拉宫中服务的喇嘛们的居所。扎厦与白宫相连，位于红宫的下方，最多时有僧众25 000多人。

布达拉宫的宫墙

布达拉宫的宫墙很高大，高6米，底宽4.4米，顶宽2.8米，采用夯土砌筑的方式，外面包着砖石。

·中国海拔最高的宫堡建筑群·

布达拉宫在松赞干布时期开始修建，是世界上海拔最高的宫堡建筑群，有“世界屋脊上的明珠”之称。这里保存了很多珍贵的藏传佛教文物，布达拉宫的建筑形式和特点有效地填补了中华大地上建筑风格的资料库。布达拉宫的修建见证了大唐与吐蕃友好交流的一幕幕，也看出自古以来西藏地区与祖国内地的交流、沟通从未停歇。

白宫

白宫的外墙是白色的，因此得名“白宫”，它是达赖喇嘛的冬宫，共7层。

释迦牟尼像唐卡

唐卡是指用彩缎装裱后用于供奉的宗教卷轴画，是藏族文化中独具特色的艺术形式。释迦牟尼像唐卡创作于19世纪，采用堆绣技法制成，堆绣技法即将彩缎等材料剪裁出要创作的绘画各要素，再将它们粘贴或缝制到绘画背景材料上的手法。

达赖喇嘛

是藏传佛教格鲁派两大活佛转世系统之一的称号，全称是“西天大善自在佛所领天下释教普通瓦赤喇怛喇达赖喇嘛”。“达赖”在蒙古语中意思是大海，“喇嘛”在藏古语中有上师的意思，从五世达赖喇嘛开始，达赖既是至高无上的称谓，也是至高无上的职位。

金瓶掣签

金瓶掣签又称金瓶鉴别，是藏族认定活佛转世灵童的方式，于清乾隆五十七年（1792年）正式设立。清代以来，藏传佛教活佛达赖和班禅的转世灵童需要在中央代表的监督下，经金瓶掣签认定。

文成公主

七世纪时，吐蕃王松赞干布派求婚使臣禄东赞求娶大唐公主，唐太宗答应了婚事，将一宗室之女封为公主，就是文成公主，远嫁西藏。这个故事被描绘在布达拉宫的壁画上。

日光殿

日光殿是白宫最高的殿宇，因部分殿宇阳光可以射入而得名。这里是达赖喇嘛的寝宫，五世达赖喇嘛曾居住在这里。这里除了达赖喇嘛，只有高级僧俗官员才能入内。

仓央嘉措

六世达赖喇嘛，法名罗桑仁钦仓央嘉措，生于清康熙二十二年（1683年），清康熙三十六年（1697年）被认定为五世达赖的转世灵童。他是西藏历史上著名的诗人、政治人物，一生中写就众多诗歌。

金顶群

金顶群是布达拉宫的一处独特景观，位于红宫之巅，这里共有7座金顶，均为铜鎏金制成。

文化元素

暗香袭处佩环鸣，
美眸善睐未分明。
临去莞尔还一笑，
忽与余兮两目成。

——（清）仓央嘉措《情诗其八》

科技律动的鸟巢和水立方

被称为“鸟巢”的国家体育场和被称为“水立方”的国家游泳中心因2008年北京奥运会而建，它们分别是第29届夏季奥林匹克运动会的主体育场和主游泳馆，并在奥运会闭幕后继续运营。鸟巢是世界上最大的单体钢结构建筑，而水立方是世界上最大的膜结构工程。

金色大厅

金色大厅位于鸟巢正西侧，整体以红色、金色为主色调，在2008年北京奥运会等重大活动期间，曾是各国元首、政要进入主席台的通道。

遥控电动小车

在2008年北京奥运会铁饼、标枪、链球比赛中，场地工作人员利用电动小车将抛掷出的器材运回抛掷点，这节省了大量的人力。

鸟巢钢结构多K节点模型

鸟巢钢结构多K节点模型位于场馆一层南北两侧，采用鸟巢工程的原钢。

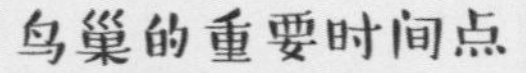

鸟巢的重要时间点

2003年3月18日，国家体育场13个最终入选的设计方案被送到北京，“鸟巢”成功成为国家体育场的最终实施方案。

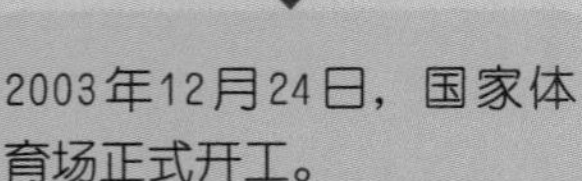

2003年12月24日，国家体育场正式开工。

2008年6月28日，国家体育场正式落成。

科技与环保的结合

鸟巢在建设中采用先进的节能设计和环保设施，采用太阳能光伏发电系统、雨水全面回收系统、自然通风和自然采光系统等。

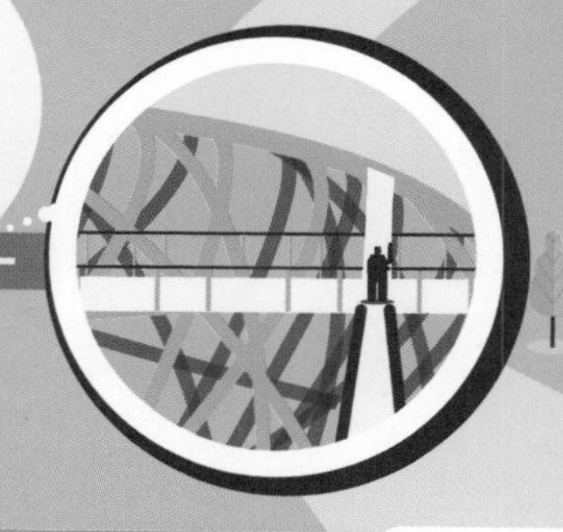

火炬广场

火炬广场位于鸟巢基座东北侧，紧邻热身场，其中的祥云火炬塔是2008年北京奥运会的火炬塔。

顶美鸟巢－空中走廊

顶美鸟巢－空中走廊位于鸟巢顶屋面，整个观光走廊经过升级后全长约1000米，可以俯瞰整个水立方和龙形水系。

鸟 巢

“鸟巢”是国家体育场的俗称，位于北京奥林匹克公园的中心区，可容纳观众9.1万人。作为特级体育建筑，它是2008年北京奥运会的主体育场。

祥云火炬塔点燃时刻

2008年8月8日晚，祥云火炬塔由中国前男子体操运动员、奥运会体操冠军李宁点燃。

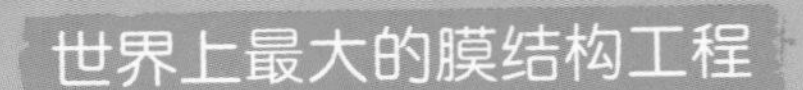

水立方不仅是世界上最大的膜结构工程，还是唯一一个完全由膜结构来进行全封闭的大型公共建筑，水立方的内外立面膜结构共由3 065个气枕组成，其中最小的1 ~ 2平方米，最大的达到70平方米。

水立方

国家游泳中心俗称“水立方”，位于北京奥林匹克公园内，是2008年北京奥运会重要的体育场馆之一，并且在奥运会闭幕后成为一座集游泳、健身、休闲为一体的中心。

设计灵感

中国传统文化中，有“天圆地方”的理念，体现的是统一的和谐感，而且水是灵动的元素，两种理念的结合呈现出水立方的最终形态。

比赛大厅

水立方比赛大厅是水立方的核心区域，大厅内有两座泳池和一座跳水池，拥有5000余个标准座席，在2008年北京奥运会时作为游泳和跳水项目的比赛场地。

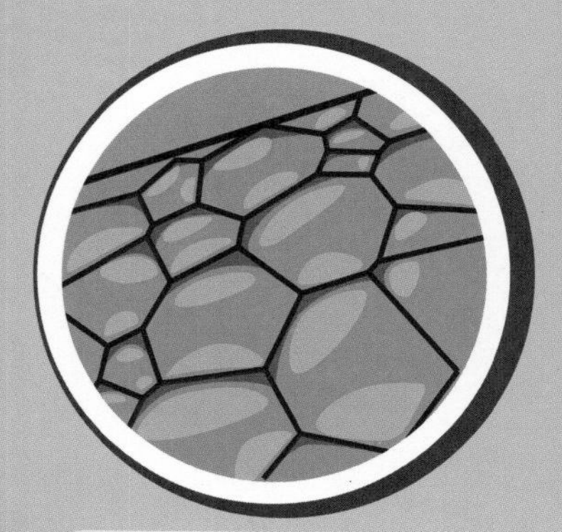

“水立方”向“冰立方”的大变身

水立方在2022年北京冬奥会期间，转换成“冰立方”，作为冰壶项目的比赛馆。通过搭建转换结构面层及安装可拆装制冰系统，形成4条标准冰壶赛道，原游泳池区域转换成冰壶场地。

水立方的重要时间点

2003年7月，国家游泳中心建筑设计方案正式确定。

2003年12月24日，水立方正式破土动工。

2006年12月26日，水立方膜结构全部安装完毕。

2008年1月28日，水立方正式竣工。

ETFE膜气枕式外墙

水立方与慕尼黑安联体育场都采用了ETFE膜气枕式的外墙设计，但是水立方的覆盖面积比慕尼黑安联体育场更大；水立方采用双层气枕且形状都不相同，慕尼黑安联体育场为单层气枕且规则排列。

独特材料

水立方采用膜结构设计，在建筑内外采用新型材料——ETFE（乙烯-四氟乙烯共聚物）膜，这种材料是一种透明且轻质的材料，具有良好的热学性能、防火性和透光性；可以调节室内光线，做到对室内温度的有效调节；而且如果有破损，只需要打上一块补丁便会自行恢复原状。

中国最长的跨海大桥

桥梁可以有效地联通桥两端的人们，对于经济、社会、文化等方面的沟通具有很大的促进作用，一座各方面都优秀的桥梁可以经受住时间的考验。

中国有一座最长的跨海大桥，它横跨伶仃洋，连接香港、澳门和广东珠海，它就是港珠澳大桥。港珠澳大桥因其超大的施工规模、空前的施工难度和顶尖的施工技术而让世界瞩目，它深度整合了香港、澳门、珠海三地的资源，缩短了三地人们的时空距离，被称为“现代世界七大奇迹”之一。

浅水区非通航孔桥

浅水区非通航孔桥孔洞跨度为85米，采用单墩双幅梁设计。

110m 110m

珠海连接线

港珠澳大桥珠海连接线起自珠澳口岸人工岛，经湾仔、珠海保税区北，止于珠海洪湾。

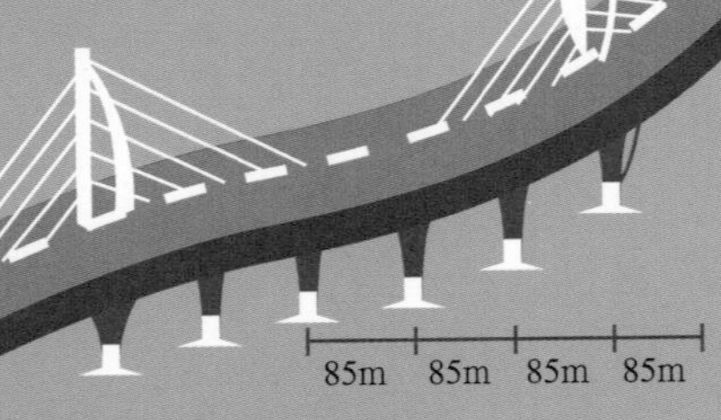

深水区非通航孔桥

港珠澳大桥深水区非通航孔桥孔洞跨度为110米，采用单墩整幅梁设计。

珠澳口岸人工岛

珠澳口岸人工岛是港珠澳大桥主体工程与珠海、澳门两地的衔接中心，东西宽950米，南北长1 930米，填海造地总面积约217万平方米。

澳门连接线

港珠澳大桥澳门连接线起于珠澳口岸人工岛西南侧，通过桥梁的方式进入澳门填海新区。

香港口岸人工岛

香港口岸人工岛设立在香港国际机场东北面的对开水域，连接着港珠澳大桥香港连接线和香港地区。

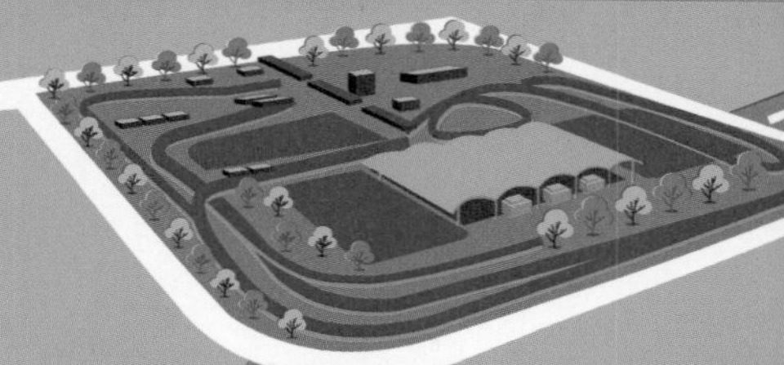

香港连接线

港珠澳大桥香港连接线西接东人工岛，东经香港国际机场与香港口岸相连。

西人工岛

西人工岛是港珠澳大桥从珠澳方向去往香港的海底隧道的起点，联结着水上的桥梁与海底隧道。

东人工岛

东人工岛是港珠澳大桥从珠澳方向去往香港的海底隧道的终点，西连海底隧道，东面以香港国际机场与香港口岸人工岛相连。

海底隧道

港珠澳大桥海底隧道由33根巨型沉管组成，总长6.7千米，一共用到33万吨钢筋和100多万立方米混凝土，这些钢筋和混凝土足以建造8座迪拜塔。

九州航道桥

九州航道桥是港珠澳大桥的3座通航孔桥之一，是一座双塔单索面钢混组合梁5跨连续斜拉桥，具备两座风帆塔，取“扬帆远航”的美好寓意。

江海直达船航道桥

江海直达船航道桥是港珠澳大桥的3座通航桥之一，是一座中央单索面三塔钢箱梁斜拉桥，斜拉索采用空间扇形布置、钢混组合结构塔身，航道桥的3座海豚塔，寓意“人与自然和谐发展”，突出绿色环保理念。

青州航道桥

青州航道桥是港珠澳大桥的3座通航桥之一，是一座双塔双索面钢箱梁斜拉桥，为全线跨径最大桥梁。青州航道桥采用两座中国结形制的混凝土塔，寓意“三地同心”。

港珠澳大桥的重要时间节点

20世纪80年代初，珠江三角洲西岸地区与香港因为伶仃洋的阻隔而无法直接相连，迫切需要建设一条连接港珠澳三地的跨海通道。

→ 1998年，国务院正式批准伶仃洋跨海大桥工程项目。

→ 2003年，伶仃洋大桥项目被港珠澳大桥项目取代。

→ 2009年12月，在“一国两制”框架下，粤港澳三地首次合作共建，港珠澳大桥主体工程开工建设。

东、西人工岛的建筑风格

东、西人工岛的部分建筑风格灵感来源是岭南建筑，如东、西人工岛各有2个青铜鼎桥头堡，以浮雕手法刻画了“海底绣花”“筑岛奇迹”“蛟龙出海”“梦圆伶仃”4个故事。

保证中华白海豚的活动

在港珠澳大桥的建造过程中，观察员发现白海豚后，500米以内停工观察，500米以外施工减速。经常有白海豚一“玩”就是四五个小时，工人们宁可停工牺牲工期也不打扰白海豚的“玩耍”。

2011年5月15日，港珠澳大桥西人工岛首个大型钢圆筒顺利振沉，创新采用深插式钢圆筒快速成岛技术。

2012年12月16日，港珠澳大桥主桥墩开钻。

2017年7月7日，港珠澳大桥主体工程全线贯通，总投资约1 200亿元人民币，设计使用寿命120年。

2018年10月24日，港珠澳大桥正式通车，整座大桥全长55千米，整体由3座通航孔桥、1条海底隧道、4座人工岛、连接桥隧和深浅水区非通航孔桥，以及港珠澳三地的陆路连接线组成。

中国最大的石刻佛像

乐山大佛，又名嘉州凌云寺大弥勒石像，它是世界上最高的石佛，也是中国最大的一尊摩崖石刻造像。大佛位于四川省乐山市南岷江东岸的凌云寺侧，濒大渡河、青衣江和岷江的交汇处，通高71米，左右两侧分别有一座护法天王石刻。

乐山大佛开凿于唐玄宗开元元年（713年），完成于唐德宗贞元十九年（803年），历时90年，至今已经有1 200多年的历史。

海通禅师与乐山大佛

海通禅师来到凌云山，发现这里因为岷江、青衣江和大渡河的交汇使得很多人葬身江水中，深感当地人们的苦难，毅然决定身体力行，化缘募集资金。周围的能工巧匠被禅师普度众生的精神感召，纷纷加入修建弥勒大佛的行列。

但大佛修建到肩部时，海通禅师去世，工程便中断了。多年后在剑南西川节度使章仇兼琼捐赠的俸金和朝廷麻盐税款的支持下，工程得以顺利开展。但由于章仇兼琼职务调动，全家搬迁，工程再次中断。又经过40年，剑南西川节度使韦皋捐赠俸金，大佛修建工程彻底完成建造。

文化元素

弥勒佛的象征意义

弥勒佛代表未来，寓意未来时光的平和安宁，修建弥勒大佛这一行动的其中一个用意便是借大佛来护佑百姓。

乐山大佛本来并不叫这个名字
人们一直以来称这座大佛为“乐山大佛”，但是后来在大佛上找到的一块摩崖石碑，即《嘉州凌云寺大弥勒石像记》碑，最终揭开了其真正名字——嘉州凌云寺大弥勒石像的面纱。
小趣闻
乐山大佛的脚背宽8.5米，脚面周围可以围坐百人以上呢。
护法天王石刻
两座护法天王石刻分列大佛左右两侧，它们高度超过16米，形成“一佛二天王”的分布格局。
九曲栈道
沿大佛右侧开凿的九曲栈道可以直接到达大佛底部。这条栈道沿着绝壁开凿而成。

万佛顶

万佛顶是峨眉山最高峰，海拔3 099米，绝壁凌空、平畴突起，巍然屹立在“大光明山”之巅，是中国四大佛教名山中海拔最高、自然生态保护最好的遗产地。

佛顶螺髻知多少

从远处看大佛头顶时，人们总会觉得头部浑然一体。但其实，头顶有螺髻，这些螺髻与头顶不是一体雕琢的，而是由石块逐渐拼嵌而成，并不依靠砂浆粘接。

螺髻的数量

乐山大佛佛顶的螺髻数量还真被数清楚过。1962年，当地维修大佛时，文物修复专家利用粉笔编号，从而得知这些螺髻共有1 051个。

精妙的排水系统

排水系统分布在大佛的头部后面，使流水不至于侵蚀佛像本身；大佛头部的18层螺髻中，第4层、第9层和第18层螺髻分别有一条横向排水沟；衣领和衣服的褶皱也有排水沟；胸部后侧还有两个洞穴。这些排水沟和洞穴相互作用，减小流水对大佛的伤害。

大佛的木质双耳

维修工人维修时，从耳郭中找到了很多木质碎屑，这样就印证了大佛是有木质双耳的。但是由于历代对于大佛都有或多或少的修缮，这对木质双耳是什么时候修好的已不可考。

洗象池

洗象池是峨眉山八大寺庙之一，位于峨眉山海拔2 070米的钻天坡上。这里在明朝时仅有一个亭子，称“初喜亭”；后改建为庵，名为“初喜庵”；清康熙年间建寺，于清乾隆年间改名“洗象池”。